Grâce spéciale à ma hymne de louange
merveilleuse, incroyable, étonnante et
affectueuse d'épouse ! Votre appui et
confiance en moi et votre présence par
moi puisque nous étions des enfants est
plus précieux à moi que moi peux
exprimer.

Mots et illustrations par
Michael Richard Craig.

1

2

5

6

9

3   4

7   8

10

Un

1

visage

idiot

Deux

2

visages

idiots

Trois

3

visages

idiots

Quatre

4

visages

idiots

Cinq

5

visages

idiots

Six

6

visages

idiots

Sept

7

visages

idiots

Huit

8

visages

idiots

Neuf

9

visages

idiots

Dix

10

visages

idiots

1

2

3

4

5

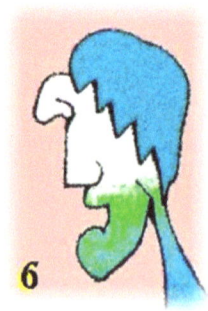

6

7

8

9

10

L'extrémité.

Le bon

travail !

Ces visages sont de la collection

« les nombreux visages

de Michael Richard Craig »

que c'est le premier dans un ensemble de dix

volumes de compter les visages idiots à cent.

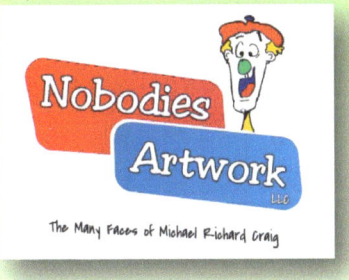

Nobodiesinc@yahoo.com

TeeGeeBeeTeeGee

www.ingramcontent.com/pod-product-compliance
Lightning Source LLC
Chambersburg PA
CBHW041120180526

45172CB00001B/353